BERICHTE ÜBER DIE VERHANDLUNGEN DER SÄCHSISCHEN AKADEMIE DER WISSENSCHAFTEN ZU LEIPZIG

Mathematisch-naturwissenschaftliche Klasse
Band 103 · Heft 4

ERNST NEEF

ÜBER DIE VERÄNDERLICHKEIT UNSERER GEOGRAPHISCHEN UMWELT

AKADEMIE-VERLAG · BERLIN
1959

BERICHTE ÜBER DIE VERHANDLUNGEN DER SÄCHSISCHEN AKADEMIE DER WISSENSCHAFTEN ZU LEIPZIG

MATHEMATISCH-NATURWISSENSCHAFTLICHE KLASSE

Band 97

Heft 1 Prof. Dr. ERICH STRACK / Beobachtungen über den endogenen Anteil des Kot-Stickstoffs
24 Seiten – 8° – 1949 – DM 2,50 *(vergriffen)*

Heft 2 Prof. Dr. ERNST HÖLDER / Über die Variationsprinzipe der Mechanik der Kontinua
13 Seiten – 8° – 1950 – DM 2,75 *(vergriffen)*

Heft 3 Dr. H. GERSTNER / Dr. H. BAARK / Dr. H. GRAUL / Der Wechselstromwiderstand der Froschhaut
25 Seiten – 8° – DM 2,75 *(vergriffen)*

Heft 4 Prof. Dr. HERBERT BECKERT / Existenz- und Eindeutigkeitsbeweise für das Differenzenverfahren zur Lösung des Anfangswertproblems, des gemischten Anfangs-Randwert- und des charakteristischen Problems einer hyperbolischen Differentialgleichung zweiter Ordnung mit zwei unabhängigen Variablen
42 Seiten – 8° – 1950 – DM 9,– *(vergriffen)*

Heft 5 Prof. Dr. HERBERT BECKERT / Über quasilineare hyperbolische Systeme partieller Differentialgleichungen erster Ordnung mit zwei unabhängigen Variablen. Das Anfangswertproblem, die gemischte Anfangs-Randwertaufgabe, das charakteristische Problem
68 Seiten – 8° – 1950 – DM 14,50 *(vergriffen)*

Heft 6 Prof. Dr.-Ing. ENNO HEIDEBROEK / Das Verhalten von zähen Flüssigkeiten, insbesondere Schmierflüssigkeiten, in engen Spalten
Nachdruck – 40 Seiten – 24 Abbildungen – 8° – 1952 – DM 5,80

Heft 7 Prof. Dr. HANS SCHUBERT / Über eine lineare Integrodifferentialgleichung mit Zusatzkern
52 Seiten – 8° – 1950 – DM 9,25 *(vergriffen)*

Heft 8 Dipl. phys. HELMAR KRUPP / Bestimmung der allgemeinen Lösung der Schrödinger Gleichung für Coulomb-Potential
28 Seiten – 8° – 1950 – DM 5,50 *(vergriffen)*

Band 98

Heft 1 Prof. Dr. WALTER SCHNEE / Über magische Quadrate und lineare Gitterpunktprobleme
48 Seiten – 8° – 1951 – DM 4,65 *(vergriffen)*

Heft 2 Prof. Dr.-Ing. ENNO HEIDEBROEK / Über die Beziehungen zwischen Schmierung und Verschleiß bei geschmierter Gleitreibung
Nachdruck – 36 Seiten – 5 Abbildungen – 8° – 1954 – DM 2,75

Heft 3 Prof. Dr.-Ing. e. h. KARL KEGEL / Der Salzstock Mirowo bei Provadia in Bulgarien
26 Seiten – 9 Abbildungen – 8° – 1951 – DM 3,– *(vergriffen)*

Heft 4 Prof. Dr. HERBERT BECKERT / Prof. Dr. HANS SALIÉ / Bemerkungen über die Verbiegung hyperbolisch gekrümmter Flächenstücke / Über Abels Verallgemeinerung der binomischen Formel
22 Seiten – 2 Abbildungen – 8° – 1951 – DM 2,25

Heft 5 Prof. Dr. ERICH STRACK / Die Dauerinfusion als Verfahren zur Erforschung des Kohlenhydratstoffwechsels des Tierkörpers
20 Seiten – 8° – 1952 – DM 2,– *(vergriffen)*

BERICHTE ÜBER DIE VERHANDLUNGEN DER SÄCHSISCHEN
AKADEMIE DER WISSENSCHAFTEN ZU LEIPZIG

Mathematisch-naturwissenschaftliche Klasse
Band 103 · Heft 4

ERNST NEEF

ÜBER DIE VERÄNDERLICHKEIT UNSERER GEOGRAPHISCHEN UMWELT

AKADEMIE-VERLAG · BERLIN

1959

Vorgetragen in der öffentlichen Gesamtsitzung am 15. November 1958
Manuskript eingeliefert am 18. Dezember 1958
Druckfertig erklärt am 27. 2. 1959

Erschienen im Akademie-Verlag GmbH, Berlin W 8, Mohrenstraße 39

202 · 100/685/59
Satz und Druck: IV/2/14 · VEB Werkdruck Gräfenhainichen · 1070
Bestell- und Verlagsnummer: 2027/103/4
Preis: 1,20 DM
Printed in Germany
ES 15 B

Gegenüber dem bunten Wechsel historischer Ereignisse und Gestalten und gegenüber der raschen Umgestaltung der Landschaft durch Landeskultur und Bautätigkeit scheinen die Naturbedingungen der einzelnen historischen Schauplätze keine Veränderung zu erfahren. Gestützt auf den naiven Vergleich der Geschwindigkeiten der historischen Abläufe mit den Geschwindigkeiten der sichtbaren Naturprozesse, die das geographische Milieu allmählich abwandeln, entstand die weit verbreitete Vorstellung, daß nicht nur für kürzere, sondern auch für größere historische Zeiträume unsere geographische Umwelt als unveränderlich, als konstant angesehen werden könne. Man glaubte, daß auch für weiter zurückliegende Jahrhunderte der Naturrahmen im Grunde genommen der gleiche gewesen sei wie heute und rekonstruierte daher die Naturbedingungen früherer Jahrhunderte vielfach, indem man die heutigen Verhältnisse in die früheren Jahrhunderte zurückprojizierte. Neuere Forschungen verschiedener Fachgebiete, nicht zuletzt der Geographie, haben indes ergeben, daß die Frage nach Konstanz oder Veränderlichkeit unserer natürlichen Umwelt im Verlaufe der Geschichte eindeutig zu entscheiden ist: selbst in verhältnismäßig kurzen Zeiträumen erweist sich das geographische Milieu als veränderlich. Wir sind daher nicht berechtigt, anzunehmen, daß die Auseinandersetzungen der menschlichen Gesellschaft mit der sie umgebenden Natur jeweils unter völlig gleichen Naturbedingungen stattgefunden haben. Dies trifft nicht einmal mehr für das 18. Jahrhundert zu, geschweige denn für das Mittelalter oder gar für vorgeschichtliche Perioden.

Eine solche Erkenntnis hat selbstverständlich große Bedeutung für alle historischen Fragen, insbesondere solche der Siedlungs- und Wirtschaftsgeschichte. Aber auch zahlreiche aktuelle Fragen von großer Tragweite können erst aus der Einsicht in die Veränderlichkeit unserer geographischen Umwelt einer wissenschaftlich einwandfreien Beurteilung unterzogen werden. Betrachten wir die Erdoberfläche als Gegenstand der wissenschaftlichen Geographie, so können wir folgendes feststellen:

Jeder beliebige Ausschnitt der Erdoberfläche stellt ein kompliziertes stoffliches System dar. In ihm werden zahlreiche Einzelkomponenten durch das Wirken zahlreicher Kräfte zu einem Gesamtkomplex hohen Integrationsgrades vereinigt. Lassen sich die Kräfte in erster Linie von der Sonnenenergie, die die Erde empfängt, und der Schwerkraft ableiten, so sind die stofflichen Komponenten – um eine früher gern gebrauchte Ausdrucksweise zu verwenden – im Festen, Flüssigen und Gasförmigen gegeben. Wir sagen heute nüchterner, daß Lithosphäre, Hydrosphäre und Atmosphäre sich an der geographischen Erdoberfläche berühren und durchdringen. Feste Substanz, Wasser und Luft aber sind die Grundvoraussetzungen für die Existenz organischen Lebens. Auf die drei anorganischen Reiche baut sich daher an der Erdoberfläche ein viertes auf, das Reich des Lebendigen oder die Biosphäre. Wie diese in den anorganischen Reichen ihre substantiellen Voraussetzungen hat, so wirkt sie ihrerseits wieder durch den Stoffwechsel der Organismen in die anorganischen Bereiche zurück. Nicht nur für die lebenden oder die unbelebten Sphären, sondern für die Gesamtheit aller Naturerscheinungen im Bereich der Erdoberfläche gilt, daß die einzelnen Komponenten im Gesamtkomplex durch gesetzmäßige Beziehungen und Wechselbeziehungen derart miteinander verbunden sind, daß die Veränderung einer Komponente zwangsläufig Veränderungen der anderen Komponenten und damit des Gesamtgefüges hervorrufen muß.

Aus der kurzen Skizzierung dieser Wesenszüge der geographischen Wirklichkeit geht hervor, daß unsere geographische Umwelt dauernd Umbildungsprozessen ausgesetzt sein muß, daß also Veränderlichkeit ein Wesensmerkmal des Geographischen ist. Daher präzisiert sich die Frage nach der Veränderlichkeit der geographischen Umwelt auf die Frage nach Maß und Geschwindigkeit, nach Erscheinungsformen, Wirkungen und schließlich nach den Ursachen dieser Veränderlichkeit. Von vornherein können wir zwei verschiedenartige Gruppen von Ursachen, die die geographische Umwelt verändern, unterscheiden. Einmal können diese in Änderungen beruhen, die ohne Zutun des Menschen in der Natur vor sich gehen und im Wirkungsgefüge der natürlichen Landschaft dann mehr oder weniger weitreichende Folgewirkungen auslösen. Hierher gehören z. B. tektonische Bewegungen, vornehmlich Hebungen oder Senkungen der Erdkruste, die insbesondere im Küstenbereich schwerwiegende Folgen nach sich ziehen, hierher gehören aber vor allem jene offenbar auf kosmischen Ursachen beruhenden Veränderungen klimatischer Elemente, die zu Klimaschwankungen führen. Von dieser naturbedingten, gewissermaßen systemeigenen Veränderlichkeit müssen wir die Gruppe derjenigen Veränderungen unterscheiden, die auf Eingriffen des Menschen in den stofflichen Haushalt der geographischen Umwelt beruhen. Die dadurch ausgelösten Prozesse verlaufen bei an sich zunächst gleichbleibenden Naturbedingungen oft sehr rasch. Eingriffe in die Vegetationsdecke oder in den Wasserhaushalt z. B. stören das quasi-stationäre Gleichgewicht in der Natur meist nachhaltig, und entsprechend der Härte des Eingriffs haben die ausgelösten Naturvorgänge vielfach zerstörenden Charakter.

Wenn wir uns der dauernden Veränderungen in unserer natürlichen Umwelt nicht deutlicher bewußt sind, so liegt das daran, daß, von Sonderfällen wie Erdbeben, Sturmfluten und dergleichen katastrophenhaften Ereignissen abgesehen, die Veränderungen langsam vor sich gehen und ihre Wirkungen nicht ohne weiteres sichtbar sind. Dort jedoch, wo wir uns an entscheidenden Grenzlinien in der Natur befinden, können kleine Veränderungen sehr große Wirkungen nach sich ziehen und werden dann deutlich sichtbar. Solche Grenzen finden sich in der geographischen Sphäre an der Grenzfläche zwischen Land und Meer, also an den Küsten, an der Trockengrenze, wo Wassermangel die Vegetation bedroht, und an der Frostgrenze, wo das Wasser in den festen Aggregatzustand übergeht. Am klarsten lassen sich die Veränderungen an der Frostgrenze beobachten und deuten, da wir uns hier im allgemeinen außerhalb der Ökumene, des Wohnbereichs des Menschen, befinden und die wahrgenommenen Veränderungen eindeutig dem Wirken von reinen Naturvorgängen zugeordnet werden können.

I.

Zu den eindrucksvollsten Zeugen einer nicht unbeträchtlichen Änderung der Naturbedingungen gehören die seit Jahrzehnten vielfach auch messend verfolgten Veränderungen der Gletscherstände. Die Gletscherschwankungen sind aus mehreren Gründen ein sehr wertvoller Forschungsgegenstand. Denn trotz aller regionalen Unterschiede ist das Verhalten der Gletscher auf der ganzen Erde einheitlich, so daß eine allgemeine Ursache angenommen werden muß. Das bietet die Möglichkeit des regionalen Vergleichs, die bei örtlicher Isolierung der Gletscherschwankung nicht gegeben wäre. Weiterhin steht die Vergletscherung über den gesamtirdischen Wasserhaushalt der Erde in einem großen Zusammenhang, der eine gewisse Bilanzierung gestattet.

Nach einem Hochstand der Alpengletscher um 1850 erfolgt ein nur durch kleine Schwankungen und kleine Vorstöße um 1890 und 1920 unterbrochener Rückgang, der bis in die Gegenwart anhält. [1] Das lineare Zurückweichen der Gletscherenden beträgt oft mehrere Kilometer. Am Rhônegletscher betrug der Rückgang von 1856 bis 1912 bereits über 1300 m, am Vernagtferner bis 1902 mehr als 2 km. Doch kommt der Längenveränderung der Gletscher zwar physiognomisch, nicht aber im Gesamthaushalt eine entscheidende Rolle zu, da manche Gletscherzungen ein sehr unregelmäßiges Verhalten zeigen. Der Flächenverlust der Gletscher ist 1953 von Richard Finsterwalder auf geodätischer Basis berechnet, wobei er acht repräsentative Gletscher der Ostalpen, für die ausreichende Vermessungsunterlagen bereitstanden, zugrunde legt. Der Flächenverlust dieser meist größeren Gletscher betrug allein in den 30 Jahren von 1920 bis 1950 zwischen 11 und 24 %, im Mittel 16,7 % oder ein volles Sechstel des Areals von 1920.

Mit dem Schwund der Gletscherzungen ist ein Einsinken der Gletscheroberflächen verbunden. Die Gletscher werden flacher und besonders die Zungen dünnen stark aus. Die Auswertung von Höhenlinienplänen, die photogrammetrisch, also mit großer Zuverlässigkeit, erarbeitet worden waren [2], ergab, daß der jährliche Verlust der Oberflächen an Eis eine Schicht von 51 cm Dicke ausmachte. Dabei heben sich die Perioden von 1856 bis 1890 und 1920 bis 1950 durch höhere Beträge heraus, nämlich 61 cm pro Jahr, während die dazwischen liegenden Jahre von 1890 bis 1920 einen Ablationsüberschuß von nur 30 cm aufwiesen. Die genannten Zahlen sind Mittelwerte für die ganzen Gletscheroberflächen. Selbstverständlich ist der Ablationsbetrag in den Firnfeldern geringer, in den Zungen wesentlich höher. Addiert man die Jahresbeträge, so ergeben sich aus den Anteilen von 20,4 m für das erste, von 9 m für das zweite und von 18,3 m für das dritte Drittel des Beobachtungszeitraums insgesamt 47,7 – also fast 50 m Eisverlust an der Oberfläche.

Im Wasserhaushalt ergibt sich durch den Ablationsüberschuß eine größere Abflußmenge der Gletscherbäche als dem gegenwärtigen Niederschlagsregime entspricht und zwar überschreitet der Abfluß die

Niederschläge um ein Fünftel bis ein volles Viertel, nämlich 560 mm – das ist etwa der Jahresniederschlag von Halle. Da das vergletscherte Areal im Flußgebiet des Inn 650 qkm beträgt, läßt sich der zusätzliche Abfluß auf ein Gesamtvolumen von 364 Mill. cbm Wasser berechnen, also täglich rund 1 Mill. cbm.

Dem Rückgang der Gletscher entspricht ein Ansteigen der Schneegrenze, sowie parallel dazu ein Ansteigen der Vegetationsgrenzen. Die Berechnung ist schwieriger, aber Beträge von 90 bis 150 m dürften die Klimaschwankung der letzten hundert Jahre in den Alpen richtig kennzeichnen [3].

Der Rückgang der Alpengletscher findet nicht nur in anderen Hochgebirgen der Erde ein Gegenstück [4], sondern auch in einer beträchtlichen Veränderung der Eis- und Klimaverhältnisse der subarktischen Gebiete des Nordatlantik und Nordasiens [5]. Im Gebiet der Barentssee ist im Laufe der ersten Hälfte dieses Jahrhunderts mit einem Höhepunkt um 1930 die Treibeisgrenze um 300 km zurückgewichen. Vor den Küsten der Sowjetunion hat die Meereisfläche um rund 1 Million qkm abgenommen, was für die Schiffahrt auf dem nördlichen Seeweg von großer positiver Bedeutung ist. Die Messungen der Sedow-Drift 1937 bis 1940 haben dort, wo Nansen von Bord seiner Fram aus Eismächtigkeiten von durchschnittlich 365 cm gemessen hatte, eine Eismächtigkeit von nur 218 cm festgestellt. Die Schiffahrtsverhältnisse haben sich auch im Gebiet von Spitzbergen gebessert. Die Schiffahrtsperiode des Sommers hat hier von 94 Tagen auf 175 Tage zugenommen. Es ist daher auch kein Zufall, daß 1930 die Reste der unglücklichen Polarexpedition des Schweden Andrée auf dem bis dahin schwer eisblockierten Nordostland von Spitzbergen aufgefunden wurden. Andrée hatte 1897 versucht, mit einem Freiballon in die Polargebiete vorzustoßen und war seither vermißt worden. Die Wassertemperaturen um Jan Mayen sind an der Oberfläche um 3,5° angestiegen, in tieferen Schichten um 2°. Die Erwärmung des Nordatlantik und des anschließenden Polarbeckens wird offensichtlich von einer Verstärkung der Meeresströmungen begünstigt und teilweise verursacht. Damit im Zusammenhang steht die Tatsache, daß große Areale von Festeis in Bewegung gerieten und in das Treibeis einbezogen wurden, vor allem längs der grönländischen Ostküste, die daher verstärkt von Treibeis passiert wird und als Folge der verstärkten Eisdrift geraten die Eisberge aus der Baffin-Bay mit dem Labrador-Strom weiter und zahlreicher nach Süden als vorher, so daß man im Gebiet von Neufundland eher Nachteile wahrnimmt.

Beachtenswert ist, daß die Veränderungen im Nordatlantik um einige Jahrzehnte später liegen als der Rückgang der Alpengletscher. Die Parallelität ist also nicht vollkommen. Beachtenswert ist aber auch, daß durchaus nicht alle Polargebiete an dieser Umstellung der Klima- und Eisverhältnisse teilnehmen. Abgesehen davon, daß die ganze Südhemisphäre kaum wesentliche Verstärkungen der Zirkulation zeigt, ist der kanadische Archipel eher kälter geworden. Hier gibt es auch keinen Eisrückgang. Ferner läßt sich errechnen, daß die Wintertemperaturen, die vor allem an der Umstellung des Klimas beteiligt sind, sich im Innern des asiatischen Kontinents in der gleichen Zeit vermindert haben, und auch einige tropische Gebiete zeigen einen gewissen Rückgang der Temperaturen [6]. Es ist daher – wie die Beispiele zeigen – auch nicht gerechtfertigt, nachgewiesene Veränderungen des Naturhaushaltes von einem Gebiet der Erde auf andere Regionen zu übertragen. Das erschwert natürlich die wissenschaftliche Erforschung der Veränderlichkeit der geographischen Bedingungen und macht sehr umfangreiche vergleichende Studien notwendig, um ein klares, auch regional richtig geordnetes Bild dieser Veränderungen zeichnen zu können.

Ich wies darauf hin, daß in den Grenzgebieten wie auch an der Frostgrenze schon kleine Änderungen bedeutende Wirkungen zeitigen können. Wie vielfältig infolge der mannigfaltigen geographischen Zusammenhänge diese auch in wirtschaftlicher Hinsicht sein können, möchte ich durch eine kleine Auswahl von Angaben des Dänen Fristrup über die wirtschaftlichen Veränderungen in Grönland belegen. Während um 1850 der Dorschfang in den grönländischen Gewässern keine Rolle spielte, hat der Dorsch in den letzten Jahrzehnten mit der Erwärmung des Wassers beträchtlich zugenommen, und heute ist die Dorschfischerei eine der Wirtschaftsgrundlagen der Bevölkerung geworden. Ein Rückgang der Wassertemperaturen würde den Dorsch aus den grönländischen Gewässern wieder vertreiben und zum Zusammenbruch des ganzen Wirtschaftszweiges Fischerei führen. Mit dem Rückgang des Festeises nach Areal und Zeitdauer ist der Robbenschlag – die Existenzgrundlage der Eskimos – gewaltig zurückgegangen, auch dort, wo ein Raubbau die Bestände noch nicht dezimiert hat. In Südgrönland schließlich ist die Schafwirtschaft seit 1906 nach jahrhundertelanger Unterbrechung wieder von Bedeutung geworden. 1948 gab es bereits 22 300 Schafe und man glaubt den Schafbestand auf 75 000 Stück bringen zu können. Wer erinnert sich nicht der Tatsache, daß Grönland im Mittelalter besiedelt war und die Schafzucht eine der Wirtschaftsgrundlagen der Nordmänner darstellte?

So leitet diese Betrachtung unmittelbar zu der Frage über, ob denn im Mittelalter günstigere Bedingungen für die Landnutzung in Grönland gegeben waren als in den vergangenen drei Jahrhunderten? Haben wir Angaben darüber, wann der jetzt zu Ende gehende Klimaabschnitt seinen Anfang nahm, also die Klimaverschlechterung einsetzte?

Tatsächlich können wir das recht genau festlegen [7]. Durch schriftliche Quellen belegt – vor allem im Gebiet von Chamonix – und durch die Schuttbildungen der Moränen an vielen Stellen nachweisbar, haben die Gletscher der Alpen um 1600 einen Hochstand gehabt, der teilweise bedeutender war als der von 1850. Aus der Tatsache, daß damals die Gletscher Almböden überfuhren und bis in die Waldregion vorstießen, muß man entnehmen, daß die Gletscher lange Zeit vorher kleiner waren, sonst hätte sich Wald und Almwirtschaft in diesen Höhenlagen nicht so voll entfalten können. Weitere Zeugnisse bestätigen den Vorstoß der Gletscher um 1600 über gletscherfreies Gelände. Im Wallis z. B. sind die Anlagen zur Bewässerung des Kulturlandes, die sogenannten Wasserfuhren oder „Bisses" mit Gletscherwasser gespeist worden, daß man den Gletscherbächen entnahm, die ja gerade im Sommer hohes Wasser führen. Die Führung dieser Anlagen, die dem Mittelalter entstammen, verrät, daß sie wesentlich höher an den Gletscherbächen angesetzt waren, als dies selbst nach dem heutigen Stand der Gletscher möglich wäre. Sie sind von dem Gletschervorstoß um 1600 überfahren worden. In verschiedenen Hochtälern der Alpen, so auch in den östlichen Hohen Tauern, sind Goldbergwerke von den Gletschern überfahren worden. Erst der Gletscherrückgang der letzten Jahre hat einen Teil dieser Anlagen wieder freigegeben.

Damit ist also erwiesen, daß – durch hohe Gletscherstände bezeugt – der Zeitabschnitt vom 16. bis zum 19. Jahrhundert etwas rauher gewesen sein muß als die Gegenwart und das Mittelalter. Diese von den Engländern gelegentlich auch als „Kleine Eiszeit" bezeichnete Periode muß selbstverständlich auch bei uns gewisse Wirkungen auf das Wirtschaftsleben, vor allem natürlich die Landnutzung gehabt haben. Aber ökonomische Entwicklungen und natürliche Prozesse sind äußerst schwer zu trennen. Daher ist es heute noch eine Streitfrage, in welchem Umfange etwa der Wüstungsvorgang des ausgehenden Mittelalters, der Rückgang des Weinbaus um 1600 oder auch die nachweisbare starke Devastierung der Ackerböden im 18. Jahrhundert mit dieser kühleren und feuchteren Periode im Zusammenhang stehen.

Ist die Klimaverschlechterung des 16. Jahrhunderts durch zahlreiche Befunde einwandfrei nachzuweisen, so ist es wesentlich schwieriger, unmittelbare Zeugnisse für ein etwas wärmeres und vielleicht auch trockeneres Klima der vorhergehenden Jahrhunderte aufzufinden. Es wird u. a. zwar berichtet, daß bis zum 13. Jahrhundert Südfrankreich und gelegentlich auch das Wallis von Wanderheuschrecken heimgesucht wurden, eine katastrophale Erscheinung, die sich seither nicht wieder eingestellt hat. Erst in den letzten Jahren wurde einmal kurz von einem an sich harmlosen Einflug von Wanderheuschrecken nach Südfrankreich in der Presse berichtet. Im übrigen sind die uns überlieferten Zeugnisse aus dem Mittelalter aber sehr wenig auf eine Kennzeichnung der Naturverhältnisse gerichtet, wie überhaupt jene Jahrhunderte der Naturbeobachtung wenig zugewandt waren. Die überlieferten Nachrichten über wirtschaftliche Ereignisse, über Dürren, Hochwässer und dergl. im Naturzusammenhang stehende Einzelereignisse lassen im allgemeinen keinen brauchbaren und zuverlässigen Schluß auf die natürlichen Verhältnisse zu.

Wir müssen uns daher bemühen, weitere Argumente für die allgemeine Tendenz der Klimaentwicklung ausfindig zu machen. Nun besteht eine eindeutige Beziehung zwischen Klimacharakter und Wasserhaushalt der Erde. In jeder kälteren Periode wird ein gewisser Teil des irdischen Wassers in den Gletschern der Gebirge und in den Eiskappen der Polargebiete festgelegt. Dieser Entzug macht die Wasserbilanz des Weltmeeres negativ und führt zu einer Absenkung des Meeresspiegels sowie im umgekehrten Fall zu einer Erhöhung des Meeresspiegels. Man nennt diese Schwankungen „eustatische Meeresspiegelschwankungen“ [8]. In den letzten Jahren ist gerade das Problem der eustatischen d. h. im Wasserhaushalt der Erde begründeten Meeresspiegelschwankungen intensiv bearbeitet worden. Man konnte nicht nur durch Auswertung geodätischer Befunde und hydrologischer Meßreihen feststellen, daß auch die gegenwärtige Klimabesserung mit einer durchschnittlichen Erhöhung der Pegelstände verbunden ist, sondern konnte manche der sogenannten Senkungserscheinungen in den Küstengebieten auf eine eustatische Meeresspiegelschwankung zurückführen. Im Effekt müssen ja Landsenkung auf tektonischer Grundlage und Meeresspiegelerhöhung auf eustatischer Grundlage gleich sein. In den flachen Küstengebieten an der Nordsee, also in Nordwestdeutschland und in den Niederlanden haben sich durch viele Jahrhunderte die Menschen dadurch vor Sturmfluten gesichert, daß sie ihre Häuser – stellenweise, wie in Ostfriesland, auch ganze Dorfsiedlungen – auf künstlichen Erhöhungen, den sogenannten Wurten, angelegt haben. Die Wurten-Forschung hat nun ergeben, daß im Verlaufe weniger Jahrhunderte diese künstlichen Wohnhügel ihrer Aufgabe nicht mehr gewachsen waren und erhöht werden mußten. Dies ist mehrfach geschehen und bezeugt ein allmähliches Vordringen des Meeres. Gegenüber der früher verbreiteten Meinung, daß die Ursache in Senkungserscheinungen des Landes zu suchen sei, neigt man heute der Auffassung zu, daß zwar örtlich kleine Krustenbewegungen und Senkungsvorgänge des Marsch-Bodens mit beteiligt sind, im allgemeinen jedoch diese zunehmende Gefährdung durch das Ansteigen des Meeresspiegels aus den eustatischen Vorgängen zu erklären sei. Damit sind jene Jahrhunderte ausgewiesen als Jahrhunderte des Meeresspiegelanstieges, was sich noch in viel stärkerem Maße in den gewaltigen Landverlusten durch Sturmfluten, vor allen Dingen zwischen dem 10. und 13. Jahrhundert äußert [9]. Stellt man diese Erscheinungen in den Zusammenhang mit den klimatischen Änderungen, so erscheinen diese 1½ Jahrtausend der neuen Zeitrechnung als eine Periode des Abschmelzens der Eiskappen, zugleich einer Klimaverbesserung.

Diese Klimaverbesserung steht jedoch nicht in unmittelbarem Zusammenhang mit der postglazialen Erwärmung, mit der allgemeinen Erwärmung nach dem Ende des Eiszeitalters, die vor etwa 10 000 Jahren einsetzt, als bei uns noch Tundra herrschte. Denn diese postglaziale Erwärmung erreichte ihren Höhepunkt im 5. bis 3. vorchristlichen Jahrtausend. Die Zeit des Neolithikums und der Bronzezeit haben in Mitteleuropa unter günstigeren thermischen Bedingungen gestanden als die späteren drei Jahrtausende. Im 1. vorchristlichen Jahrtausend, etwa um 850 vor der Zeitrechnung erfolgt der sogenannte subatlantische Klimarückgang, der bei uns etwa dem Beginn der Hallstattzeit entspricht. Er scheint zum Teil außerordentlich stark markiert und empfindlich gewesen zu sein. In den Alpen finden sich an einigen Stellen Moränen, also Schuttbildungen von Gletscherstirnen, die durch Vorstöße kleiner Gletscher geschaffen worden sind, die nach dem Klimaoptimum erfolgten.

Dieser Vorstoß muß sehr rasch und kräftig gewesen sein, was eine schroffe Klimaänderung voraussetzt, aber er kann nur kurze Zeit angehalten haben, da die großen Talgletscher keine Zeit zu ihrer Entfaltung fanden [10]. Gleichzeitig mit der Wärmeabnahme dürfte eine Zunahme der Niederschläge erfolgt sein, die in vielen Moorgebieten Nordwestdeutschlands eine neue Phase der Moorbildung einleitet. Der Göttinger Geologe Ackermann hat unlängst davon berichtet, daß manche Tone des oberen Buntsandsteins, die sogenannten Röttone, die zum Fließen neigen, drei Phasen solcher verstärkter Bodenbewegungen erkennen lassen. Während er die jüngeren der Kleinen Eiszeit zuordnet, stellt er die älteste dieser Fließerdeperioden in diese subatlantische Zeit der Klimaverschlechterung.

II.

Die Kenntnis der Klimaschwankungen, die ich hier als Beispiel gewählt habe, ist schon ziemlich allgemein, jedoch wird vielfach übersehen, daß die in den Klimaschwankungen begründeten Veränderungen der geographischen Verhältnisse sich in mannigfacher Weise und regional recht unterschiedlich auswirken. Besonders schwierig wird die Beurteilung der Frage aber dadurch, daß seit dem Neolithikum der Mensch selbst in den Landschaftszusammenhang eingreift.

Seit einigen Jahren oder Jahrzehnten spricht man in Mitteleuropa von dem sogenannten Aulehm-Problem [11]. Worum handelt es sich? Feststellungen der Prähistoriker, der Geologen und der Geomorphologen haben gezeigt, daß die 2 bis über 5 m mächtigen Decken des Aulehms, die unsere Talböden bedecken, ein verhältnismäßig junges Alter haben müssen. Man findet nämlich an vielen Stellen an der Basis dieser Bildungen vorgeschichtliche Funde, die dem Neolithikum oder auch der Bronzezeit entstammen. Gerade das Leipziger Gebiet hat dafür immer wieder zitierte Beispiele gestellt. So liegen die jung-bronzezeitlichen Funde von Markkleeberg in der Pleißeaue unter 1–1,30 m Aulehm. Jung-neolithische Grabstellen unter dem Schlick der Elbeaue bei Tangermünde und Steingerätefunde bei Riesa unter 2,5 m Aulehm weisen darauf hin, daß auch bereits im Neolithikum der Vorgang der Aulehmbildung eingesetzt hat. Auch spätere Funde sind noch in den Aulehm eingebettet und zeigen, daß die Aufhöhung der Talauen bis in die Gegenwart oder besser gesagt bis zu dem Zeitpunkt anhält, wo die moderne

Technik im vergangenen Jahrhundert die Abflußverhältnisse der Flüsse neuen Bedingungen unterwirft. Es läßt sich feststellen, daß die Aulehmablagerung vor dem Jahre 1000 unserer Zeitrechnung offenbar langsamer verlaufen ist als die zwischen dem 11. und 19. Jahrhundert. Selbstverständlich besteht die Möglichkeit, daß allein unter den veränderten Bedingungen des Klimas auch das Flußregime eine Änderung erfahren hat. Ein Vergleich der Aulehmmächtigkeiten zeigt jedoch ebenso wie das Eintrittsdatum der Aulehmbildung, daß eine wesentliche Voraussetzung in der Entwaldung, in der Waldrodung durch den Menschen besteht, die in dem Augenblick einen größeren Umfang annahm, als der Ackerbau zu einer wesentlichen Grundlage der Wirtschaft wurde. Entsprechend der Tatsache, daß zunächst nur kleine Flächen Offenland wurden, große Teile der alten Vegetationsdecke des Waldes zwar genutzt und im Pflanzenbestand verändert, jedoch nicht beseitigt wurden, beginnt der Prozeß der Aulehmbildung zunächst langsam. Er erreicht charakteristischerweise besonders große Intensität dort, wo besonders dichte Besiedlungen schon in vorgeschichtlicher Zeit nachweisbar sind. Die weitere Beseitigung des Waldkleides, die mit dem mittelalterlichen Landausbau verbunden ist, führt dann weiter zu dem Anwachsen der Aulehmabsätze nach dem 11. Jahrhundert. Diese durch den Menschen ausgelöste, von bestimmten Klimaverhältnissen begünstigte Abspülung des Bodens hat somit eine irreversible Veränderung der geographischen Umwelt mit sich gebracht, die nicht nur für vorgeschichtliche, sondern selbst für frühgeschichtliche Siedlungsfragen Bedeutung erlangt. So entspricht zweifellos die Lage mancher Siedlungen unmittelbar am Rande der hochwassergefährdeten Aue oder gar teilweise im Hochwasserbereich der heutigen Flüsse nicht der geographischen Situation ihrer Gründungszeit. Die Siedlungen sind schon zu einer Zeit angelegt worden, als der Talboden noch mehrere Meter tiefer lag als heute, so daß in entsprechender Weise auch die Hochwassermarken tiefer gelegen haben müssen. Erst mit der Auflagerung der Aulehmdecke rückten diese immer höher und konnten daher schließlich Siedlungen bedrohen und in ständige Hochwassergefahr bringen. So scheint das Urteil extrem flußnaher Siedlungen vielfach einer Korrektur bedürftig, da wir dieses Urteil aus der heutigen geographischen Situation herleiten, nicht aber aus den geographischen Bedingungen der Gründungszeit. Das nächstgelegene Beispiel, auf das wir verweisen können, bietet uns die Stadt Leipzig selbst. Die Elsteraue hat offensichtlich im 11. und 12. Jahrhundert noch nicht die Höhenlage besessen, die wir heute kennen und die Ausgrabungen am Matthäi-Friedhof haben ja gezeigt, daß das Siedlungsgelände der Stadt um einige Meter in die damalige Elsteraue abfiel. Wenn wir uns heute diese Situation nicht klar vor Augen führen können, so beruht das darauf, daß inzwischen eine abermalige Veränderung der geographischen Verhältnisse unserer Täler eingetreten ist. Durch die Bewirtschaftung der Flüsse und ihre Regulierung haben sich nämlich seit dem vergangenen Jahrhundert unsere Flußläufe wieder in ihre Flußauen eingeschnitten. Das können wir überall beobachten und finden es bestätigt in der Tatsache, daß unser Jahrhundert fast nirgends die extremen Hochwasserstände aufzuweisen hat, wie noch das vergangene. Auch wenn wir zahlenmäßige Belege selten zur Verfügung haben, so lehrt der Augenschein und der geographische Vergleich die allgemeine Gültigkeit dieser jungen Veränderungen. Extreme Maße hat die Tieferlegung des Flusses erreicht im Oberrheingebiet, wo durch die Tullasche Rheinkorrektion der Rheinstrom seiner zahlreichen Mäander beraubt wurde, so daß mit der Gradlegung und damit verbundenen Gefällsvermehrung die Tiefenerosion einsetzte, die man aus dem Vergleich mit alten Vermessungsunterlagen und Pegeln im Oberrheinabschnitt um Speyer auf etwa 2,5 m, in Basel auf 3 m berechnet hat. Kein Wunder, daß an der Barre des Isteiner Klotzes der Schiffahrt Schwierigkeiten erwuchsen und den Umgehungskanal von Kembs notwendig machten und daß große Teile der einst dem Grünland oder dem Auenwald überlassenen Flußauen in den letzten Jahrzehnten in zunehmendem Maße der ackerbaulichen Nutzung zugeführt wurden.

Der Akkumulation feinen Materials in den Talauen entspricht ein Abtrag auf den Hängen, insbesondere im Bereich der geneigten Ackerflächen. Hier hat sich im Laufe mehrhundertjähriger Bearbeitung und verstärkter Abtragung eine ganze Anzahl junger Formen eingestellt, die heute die Ackerflächen gliedern. Die deutlichsten sind die sogenannten Hochraine, längs deren die einzelnen Ackerparzellen mit Höhenunterschieden bis zu 2 m voneinander absetzen. Dort wo das Ackerland gegen den Wald absetzt, hat der Unterschied der Abtragungsleistung ebenfalls vielfach zur Bildung kleiner Waldrandstufen geführt. Selbstverständlich erfaßt die Abspülung auf den Ackerflächen insbesondere die fruchtbare Bodenkrume. Der humusreiche Teil des Bodenprofils, der sogenannte A-Horizont ist häufig ausgedünnt. Das führt vielfach zu einer Minderung der Bodenfruchtbarkeit. Einen Höhepunkt erreicht diese Minderung im

18. Jahrhundert, aus dem eine große Anzahl urkundlicher Belege über die Devastierung von Ackerflächen vorliegt. Seither hat, begünstigt durch die modernen Formen der Agrarwirtschaft, durch Einführung der verbesserten Dreifelderwirtschaft, der Stallhaltung, der regelmäßigen Düngung allgemein eine Regeneration der Bodenfruchtbarkeit stattgefunden. Auch das Waldkleid zeigte im 18. Jahrhundert einen äußerst ungünstigen Zustand, der besonders durch den starken Holzverbrauch der Waldgewerbe, des Bergbaus und des allgemeinen Bedarfs an Holz, vor allem an Brennholz, bedingt war. Die durch B. Cotta eingeleiteten Maßnahmen zur Regenerierung des Waldes haben zur Betonung des Nadelholzes geführt. Aber gerade hier zeigen die neueren Erkenntnisse der Forstwirtschaft, daß insbesondere die reinen Fichtenschläge die Bodenentwicklung ungünstig beeinflussen und zu einer Minderung der Bonitäten führen. Nicht nur in großen Perioden, die über Jahrhunderte hinweggreifen, äußert sich also die Veränderlichkeit der Naturbedingungen, sondern selbst die kleineren Zeiträume zeigen positive und negative Abwandlungen der Bodenstruktur an, daß eine ständige Umformung, eine Dynamik der stofflichen Systeme an der Erdoberfläche im Gange ist, die insgesamt für die Ertragshöhe und Ertragssicherheit der Landnutzung wie auch für die Erhaltung des Wasserhaushaltes unmittelbare praktische Bedeutung hat und daher die besondere Aufmerksamkeit der Forschung in der Gegenwart verdient.

In unseren Breiten jedoch, speziell in Mitteleuropa, ist das Maß dieser Veränderlichkeit verhältnismäßig gering und selten werden entscheidende Veränderungen im Bodenaufbau sichtbar, die völlig neue Situationen schaffen. Andere Klimabereiche der Erde sind hier wesentlich ungünstiger daran. Es sei nur kurz verwiesen auf die verheerenden Folgen der Waldvernichtung im Mittelmeergebiet, die u. a. aus reichen Kornkammern durch Abspülung der Bodenkrume und fortschreitende Verkarstung Landgebiete werden ließen, die durch ausgedehnte Ödlandflächen charakterisiert sind, Ödlandflächen, die zu einem großen Teil Areale einnehmen, die zur Römerzeit noch mit Wald oder Frucht bestanden waren. In der neueren Zeit sind uns die verheerenden Landverwüstungen bekannt, die in den Vereinigten Staaten durch die Beseitigung der schützenden Büffelgrasflächen der Prärien und ihre Umwandlung in extensiv bewirtschaftete Weizenfarmen hervorgerufen worden sind. Der sowjetischen Literatur können wir eingehende Studien entnehmen über die nachteiligen Folgen, die der einseitige Weizenbau für die Boden- und Reliefentwicklung der trockenen Gebiete Südrußlands und des Kuban-Gebietes gehabt hat. Hier sind nunmehr Methoden erarbeitet worden, die durch eine landschaftsnahe und bodenerhaltende Bewirtschaftungsweise nicht nur weitere Schäden vermeiden, sondern die alten auch zur Ausheilung bringen sollen. Besonders kraß ist die Reaktion der natürlichen Umwelt auf die Eingriffe des Menschen in den tropischen Gebieten. So verzeichnen wir in manchen Randstreifen südlich der Sahara einen ständigen Rückgang des Kulturlandes gegenüber dem Ödland der Wüste und auch die feuchteren Tropen weisen gewaltige Landschaftsschäden auf. Wenn wir bedenken, daß die Bodenbildungsprozesse infolge der höheren Bodentemperatur um das Vielfache rascher erfolgen als bei uns, schätzungsweise zehnmal so rasch, so staunt man nicht darüber, daß durch die Plantagenwirtschaft innerhalb von wenigen Jahrzehnten oder Generationen eine Zerstörung des Bodens bis zur Ertragslosigkeit eintrat. So rückt in Brasilien der Kaffeegürtel immer weiter in das Innere des Landes vor, während die alten Kaffeegebiete, z. B. zwischen Rio de Janeiro und Sao Paulo, unbrauchbar geworden sind und durch eine bescheidene Weidewirtschaft nur eine sehr extensive Nutzung erhalten können. Hier ist heute der Prozeß der Umbildung der geographischen Verhältnisse noch in vollem Gange und läßt Jahr für Jahr große Flächen, die ursprünglich ein uns üppig erscheinendes Pflanzenkleid trugen, der Verödung anheimfallen. Angesichts der Tatsache, daß die steigende Bevölkerungszahl der Erde uns in den nächsten Generationen in viel stärkerem Maße als bisher zur Ausnutzung der großen tropischen Räume zwingt, stellt der jetzige Raubbau in den Tropen eines der zentralen Probleme der geographischen Wissenschaft dar. Die Kenntnis der gesetzmäßigen Veränderungen, die die geographische Umwelt der Tropen unter bestimmten Eingriffen des Menschen erfährt, und des Maßes der Veränderungen bei der Umbildung tropischer Räume zum Wohn- und Wirtschaftsraum, bildet die Voraussetzung dafür, daß jener unheilvolle Vorgang aufgehalten wird.

So steht nicht nur bei uns, sondern in weltweiter Sicht die Landschaftsforschung vor entscheidenden theoretischen und praktischen Aufgaben. Das Wissen um die Veränderlichkeit unserer geographischen Umwelt aber ist eine entscheidende Voraussetzung dafür, daß diese schwierigen Probleme bewältigt werden.

Anm. 1: Über die Veränderungen der Alpengletscher berichten regelmäßig die Zeitschrift für Gletscherkunde (Berlin, Bornträger, bis 1941) und ihre Nachfolgerin, die Zeitschrift für Gletscherkunde und Glazialgeologie (Innsbruck ab 1950, mit Berichten ab 1942), für die Schweiz die Schweizer Gletscherkommission, die bereits über 70 Berichte veröffentlicht hat (Les variations périodiques des glaciers des Alpes Suisses, zuletzt in den Verhandlungen der Schweizer Naturforschenden Gesellschaft, Aarau).

Von zusammenfassenden Arbeiten muß immer noch hingewiesen werden auf Eduard Richter, Geschichte der Schwankungen der Alpengletscher, Zeitschr. d. D. u. Oe. Alpenvereins, 1891. – Grundlegend geworden sind: Hanz Kinzl: Beiträge zur Geschichte der Gletscherschwankungen in den Ostalpen, Z. f. Gletsch. XVII, und Hans Kinzl: Die größten nacheiszeitlichen Gletschervorstöße in den Schweizer Alpen und in der Mt.-Blanc-Gruppe. Z. f. Gletsch. XX, 1932. Für die Technik der Gletschervermessung ist auf die klassische Darstellung des Rhônegletschers (L. P. Mercanton, Vermessungen am Rhônegletscher. Denkschr. Schw. Natf. Ges. 1916) zu verweisen. Auch die neuen photogrammetrischen Verfahren haben die alten Meßmethoden noch nicht völlig ersetzen können.

Allgemein unterrichtet R. Klebelsberg, Handbuch der Gletscherkunde und Glazialgeologie. 2 Bände. 1949.

Die detaillierten Angaben sind entnommen aus Richard Finsterwalder: Die zahlenmäßige Erfassung des Gletscherrückganges in den Ostalpen. Zeitschr. f. Gletscherkunde und Glazialgeologie, II. 1953.

Anm. 2: R. Finsterwalder stützt sich auf die mehrfachen Vermessungen einiger Gletscher der Zillertaler Alpen (Schwarzenstein-, Horn-, Waxegg- und Schlegeiskees), der Stubaier Alpen (Grünau- und Sulzenauferner) und der Ötztaler Alpen (Gepatsch- und Hintereisferner). Mehrfache Vermessungen liegen noch vom Vernagt- und Hochjochferner vor, ferner vom größten Ostalpengletscher, der Pasterze, sowie in der Schweiz von Rhônegletscher.

Anm. 3: Die Absenkung bzw. nunmehrige Hebung der Schneegrenze wird von verschiedenen Autoren recht unterschiedlich angegeben. Da exakte Methoden, die alle örtlichen Besonderheiten ausschließen, nicht existieren, bleiben entscheidende Teile der Argumentation der Messung entzogen und müssen der persönlichen Beurteilung überlassen bleiben. Während R. Klebelsberg (Handbuch, II, S. 674) die heutigen Schneegrenzhebungen für gering erachtet (50–80 m), errechnet R. Finsterwalder in der o. a. Arbeit für die jeweils als stationär angesehenen (?) Gletscher Waxeggkees und Schlegeiskees allein für die Periode 1920–1950 eine Schneegrenzhebung von etwa 90 m. Da heute die Gletschergestalt im allgemeinen noch nicht im Einklang mit dem Gletscherhaushalt steht, sind die Zungen im allgemeinen noch zu lang. Daraus ergeben sich nach Finsterwalders Methode zu geringe Werte für die Hebung der Schneegrenze (1920–1950 um etwa 40 m).

Anm. 4: Für die Gletscher des Karakorum berichtet davon Wolfg. Pillewizer (Die Himalaya-Karakorum-Expedition 1954, Deutscher Geographentag Hamburg 1955, Tagungsbericht S. 241, ferner auch in Erdkunde X, Bonn 1956, S. 16). Für die Anden hat H. Kinzl entsprechende Beobachtungen mitgeteilt (kurz zusammenfassend mit Angabe der Literatur im Jahrbuch des Öster. Alpenvereins 1950), für Neuseeland Albert Kolb (Vortrag auf dem Deutschen Geographentag in Essen, 1953, veröffentlicht in Verh. d. VIII. Pazific Science Congress Manila). Auf das etwas andere Verhalten der nordamerikanischen Gletscher am Mt. Renier hat Walther Hofmann hingewiesen (zuletzt: Der Nisqually-Gletscher am Mt. Renier. – Zeitschr. f. Gletscherkunde IV, 1958, früher in der Zeitschrift Erdkunde IX, Bonn 1956, S. 281 ff.).

Anm. 5: Vergl. H. W. Ahlmann, Glacier variations and climatic fluctuations. Bowman Memorial Lecture, Ser. III, New York 1953. In deutscher Sprache informiert ein zusammenfassendes Referat von Günter Haase: Klimaschwankungen und Gletscherveränderungen und ihre Bedeutung für Nordeuropa und nordatlantische Gebiete. Geogr. Berichte 2, Berlin 1956. Für Grönland speziell hat Börge Fristrup mehrfach berichtet (Die Klimaänderungen in der Arktis und ihre Bedeutung besonders für Grönland, Erdkunde 1952. – Grönländische Wirtschaft. Die Erde, Berlin 1952).

Anm. 6: Eine Karte der Veränderung der mittleren Wintertemperaturen in den Jahren 1930 bis 1950 aus Willet, H. C., Temperature Trends of the Past Century (London 1950) findet sich bei G. Haase reproduziert. Inwieweit das Vorstoßen des Nisqually-Gletschers am Mt. Renier mit dieser regionalen Besonderheit zusammenhängt, inwieweit die besondere örtliche Gestalt des Gletschers und des Gletscherberges mitspielen, muß vorerst offen bleiben.

Anm. 7: Vergl. die unter (1) genannten Arbeiten von H. Kinzl. Einer freundlichen Mitteilung von Herrn Prof. Dr. K. Wiche, Wien, verdanke ich die Nachricht, daß über die Pasterze eine Urkunde aus dem Jahre 1554 existiert, die den (heute noch vergletscherten) Unteren Pasterzenboden als Alm ausweist. Daß die berühmte Pasterzensage diesen Bereich so darstellt, wie er durch die von B. Brockamp und H. Mothes (Zeitschr. f. Geophysik 1930) mittels seismischer Verfahren (Echolotung) ermittelt worden ist, nimmt daher nicht wunder.

Anm. 8: Albert Bauer, Expeditions Polaires Francaise, Missions Paul-Emile-Victor, hat dieses Problem auf Grund der Erfahrungen der großen Grönlandexpedition 1948–1951 erneut und zusammenfassend behandelt. Er stellt auch die verschiedenen Berechnungen zusammen. (A. Bauer: Über die in der heutigen Vergletscherung der Erde als Eis gebundenen Wassermassen, Eiszeitalter und Gegenwart VI, 1955, S. 60–70.) Dem völligen Abschmelzen des heutigen Festlandeises entspricht eine Erhöhung des Ozeanspiegels um 54 m, die des grönländischen Eises allein eine solche von 6,5 m. A. Bauer hat jedoch eine Ozeanfläche zugrunde gelegt, die etwas zu hoch ist. Nimmt man als Gesamtfläche des offenen Ozeans 371 Millionen qkm, so erhält man sogar einen eustatischen Äquivalentwert von 60 m.

Anm. 9: Woebcken, Deiche und Sturmfluten der Nordseeküste (Bremen 1924) bringt eine kritische Zusammenstellung der historisch bezeugten Sturmfluten, die auch den berühmten Bericht des Plinius auswertet (Sturmflut um 57 n. Chr.). Die Darstellung läßt zugleich erkennen, daß eine völlig eindeutige Parallelität zwischen Klimagang und Küstenveränderung nicht besteht, wie ja auch nicht erwartet werden kann. Die Wurtenforschung hat nachgewiesen, daß die Wurten in der Regel zweimal erhöht worden sind. Die zweite Erhöhung hat im 9. Jahrhundert, anscheinend nach der Sturmflut von 838, stattgefunden. Die dann neu erworbene Technik des Deichbaues setzt der Wurtenentwicklung ein Ende. Der heutige jährliche Betrag des eustatischen Meeresspiegelanstiegs wird auf 10–20 cm im Jahrhundert berechnet.

Anm. 10: Helmut Heuberger: Gletschervorstöße zwischen Daun- und Fernau-Stadium in den nördlichen Stubaier Alpen (Tirol). Zeitschr. f. Gletsch. III, Heft 1, Innsbruck 1954, S. 91 ff. Im Zusammenhang damit wurde die Entstehung der kleinen Blockgletscher im oberen Gurgler Tal in einer Diskussion auf den Lehrgang für Hochgebirgsforschung in Obergurgel 1955 in das Subatlantikum gestellt. W. Pillewizer (Untersuchungen an Blockströmen der Ötztaler Alpen. Abh. Geogr. Inst. Berlin V, 1958) stellt sie jedoch in das Fernau-Stadium um 1600. – E. Ackermann hatte 1955 auf holozäne Fließerden in den Röttonen Mitteldeutschlands aufmerksam gemacht, deren jüngere Phase er mit der „Kleinen Eiszeit“ (1550 bis 1850) verband (E. Ackermann: Zur Unterscheidung glazialer und postglazialer Fließerden. Geolog. Rundschau **43**, 1955, S. 328–341). Auf den INQUA-Kongreß 1957 in Madrid hat er die älteren holozänen Fließerden dem Subatlantikum zugewiesen.

Anm. 11: Die Literatur über das Aulehmproblem ist schon sehr umfangreich. Einen zusammenfassenden Bericht gab G. Reichelt: Über den Stand der Auenlehmforschung in Deutschland. Petermanns Geogr. Mitt. **97**, 1953. Eine umfangreiche Diskussion der vielen zu beachtenden Teilfragen ergibt die Darstellung von H. Nietsch: Hochwasser, Auenlehm und vorgeschichtliche Siedlung. Erdkunde IX, Bonn 1955, S. 20–39.

Für das Leipziger Gebiet hatte schon 1934 Rud. Grahmann auf das Aulehmproblem hingewiesen. (R. Grahmann: Konnten die mitteldeutschen Flußauen in vorgeschichtlicher Zeit besiedelt werden? Mannus **26**, 1934.)

Fortsetzung von der 2. Umschlagseite

Band 99

Heft 1 Prof. Dr. HEINRICH BRANDT / Über das quadratische Reziprozitätsgesetz
18 Seiten – 8° – 1951 – DM 1,90 *(vergriffen)*

Heft 2 Prof. Dr. GEORG SPACKELER / Der Gebirgsdruck und seine Beherrschung durch den Bergmann
36 Seiten – 12 Abbildungen – 8° – 1951 – DM 1,65 *(vergriffen)*

Heft 3 Prof. Dr. ERNST DIEPSCHLAG / Die Anwendbarkeit der Regelungstechnik in der Hüttenindustrie
38 Seiten – 12 Abbildungen – 8° – 1952 – DM 3,90

Heft 4 Prof. Dr. ALBERT FROMME / Die Bedeutung der Entwicklungsgeschichte, besonders des Mesenchyms für die Klinik
24 Seiten – 8° – 1952 – DM 1,75 *(vergriffen)*

Heft 5 Dr. ROBERT BÖKER / Die Entstehung der Sternsphäre Arats
68 Seiten – 4 Abbildungen – 2 Ausschlagtafeln – 3 Tabellen – 8° – 1952 – DM 5,60

Band 100

Heft 1 Prof. Dr. HEINRICH BRANDT / Über Stammfaktoren bei ternären quadratischen Formen
24 Seiten – 8° – 1952 – DM 2,25

Heft 2 Dr. PAUL GÜNTHER / Zur Gültigkeit des Huygensschen Prinzips bei partiellen Differentialgleichungen vom normalen hyperbolischen Typus
43 Seiten – 8° – 1952 – DM 5,–

Heft 3 Dr. ALFRED MÜLLER / Die Schaubarkeit in der Axonometrie
22 Seiten – 3 Ausschlagtafeln – 8° – 1952 – DM 3,–

Heft 4 Prof. Dr.-Ing. ENNO HEIDEBROEK / Die Beziehungen zwischen Härte, Schmierung und Verschleißfestigkeit
Nachdruck – 40 Seiten – 10 Abbildungen – 8° – 1954 – DM 3,40

Heft 5 Prof. Dr. ROBERT SCHRÖDER / Frauenheilkunde in Forschung und Praxis
22 Seiten – 8° – 1952 – DM 1,35

Heft 6 Dr. ROLF REISSIG / Die pandiagonalen Quadrate vierter Ordnung
54 Seiten – 8° – 1952 – DM 5,–

Heft 7 Prof. Dr. MAX ROBITZSCH † / Die Erforschung der Atmosphäre, ihre Methodik und ihre Probleme
30 Seiten – 12 Abbildungen – 4 Kunstdrucktafeln – 8° – 1953 – DM 2,50

Band 101

Heft 1 Prof. Dr. KURT SCHWABE / Periodische Erscheinungen bei der anodischen Auflösung des Zinks
33 Seiten – 14 Abbildungen – 8° – 1954 – DM 3,–

Heft 2 Dr. UDO PIRL / Positive Lösungen einer nichtlinearen Integralgleichung
44 Seiten – 2 Abbildungen – 8° – 1953 – DM 4,–

Heft 3 Dr. JOACHIM FOCKE / Asymptotische Entwicklungen mittels der Methode der stationären Phase
2. unveränderte Auflage – 48 Seiten – 8° – 1957 – DM 4,80 *(vergriffen)*

Heft 4 Prof. Dr. HANS SALIÉ / Zur Verteilung natürlicher Zahlen auf elementfremde Klassen
26 Seiten – 8° – 1954 – DM 2,50

Heft 5 Prof. Dr.-Ing. ENNO HEIDEBROEK / Die Verantwortlichkeit des Ingenieurs
22 Seiten – 8° – 1954 – DM 1,–

Heft 6 Prof. Dr. HANS SCHUBERT / Dr. ERICH SCHINCKE / Zur Ermittlung von Unterschallströmungen mit der Transformationsmethode bei quadratischer Approximation der Adiabate
32 Seiten – 6 Abbildungen – 2 Tabellen – 8° – 1955 – DM 2,30

Heft 7 Dr. HELMUT SCHAEFER / Neue Existenzsätze in der Theorie nichtlinearer Integralgleichungen
40 Seiten – 8° – 1955 – DM 2,40

Band 102

Heft 1 Dr. PAUL GÜNTHER / Über einige spezielle Probleme aus der Theorie der linearen partiellen Differentialgleichungen zweiter Ordnung
50 Seiten – 8° – 1957 – DM 4,60 *(vergriffen)*

Heft 2 Prof. Dr. HANS SCHUBERT / Dr. ERICH SCHINCKE / Zum Konturproblem der Hodographenmethode im Unterschall
25 Seiten – 8° – 1957 – DM 2,20

Heft 3 Prof. Dr. FRANZ RUNGE / Über die Polymerisation ungesättigter organischer Verbindungen
13 Seiten – 1 Tabelle – 8° – 1957 – DM 1,–

Heft 4 Dr. VICTOR VALCOVICI / Une extension des liaisons non holonômes et des principes variationnels
39 Seiten – 8° – 1958 – DM 2,40

Heft 5 Dr. ROLF KLÖTZLER / Beiträge zur Theorie mehrdimensionaler Variationsprobleme mit geknickten Extremalen
72 Seiten – 8° – 1958 – DM 4,30

Heft 6 Prof. Dr. PAULA HERTWIG / Strahlenschäden und Strahlenschutz im zellulären Bereich
43 Seiten – 14 Abbildungen – 6 Tabellen – 4 Tafeln – 8° – 1957 – DM 2,–

Heft 7 Prof. Dr. WILHELM TREIBS / Entwicklungslinien der organischen Chemie
25 Seiten – 8° – 1957 – DM 1,40

Band 103

Heft 1 Prof. Dr. GEORG SPACKELER / Über die Möglichkeit einer Lieferung von Magnesiumsulfat als Düngemittel seitens des Kalibergbaus der Deutschen Demokratischen Republik
Prof. Dr. ANTON ARLAND / Magnesium im Landbau
38 Seiten – 1 Abbildung – 2 Landkarten – 8° – DM 1,90

Heft 2 Prof. Dr. HEINRICH BREDT / Über den Tod. Eine naturwissenschaftliche Betrachtung
26 Seiten – 8° – 1958 – DM 1,10

Heft 3 Dr. HANS WUSSING / Über Einbettungen endlicher Gruppen
38 Seiten – 8° – DM 2,50

Heft 4 Vorliegendes Heft

Bestellungen durch eine Buchhandlung erbeten

A K A D E M I E - V E R L A G · B E R L I N

FSC
www.fsc.org
MIX
Papier | Fördert gute Waldnutzung
FSC® C083411

Kolibri 360 GmbH
Ferdinand-Jühlke-Straße 7
99095 Erfurt, Deutschland
produktsicherheit@kolibri360.de